TRAITÉ ÉLÉMENTAIRE

D'ARITHMÉTIQUE,

A L'USAGE DES ÉCOLES PRIMAIRES,

PAR N. DESSEZ,

PROFESSEUR DE MATHÉMATIQUES, OFFICIER D'ACADÉMIE.

DEUXIÈME ÉDITION.

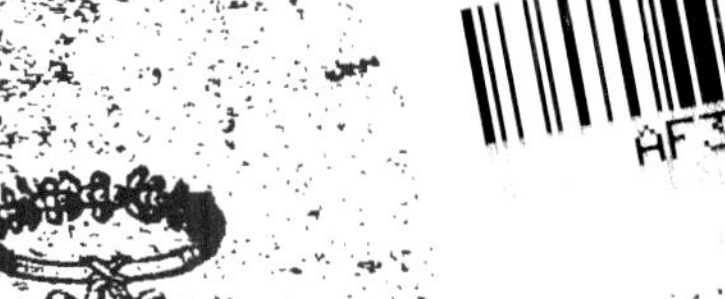

TOUL,

CHEZ V. BASTIEN, IMPRIMEUR-LIBRAIRE,

RUE MICHATEL, N° 546.

1839.

TRAITÉ ÉLÉMENTAIRE
D'ARITHMÉTIQUE,

A L'USAGE DES ÉCOLES PRIMAIRES ;

PAR N. DESSEZ,

PROFESSEUR DE MATHÉMATIQUES, OFFICIER D'ACADÉMIE.

—

DEUXIÈME ÉDITION.

—

TOUL,

CHEZ Vᵉ BASTIEN, IMPRIMEUR-LIBRAIRE,

RUE MICHATEL, Nᵒ 546.

—

1839.

TOUL ; IMPRIMERIE DE Ve BASTIEN.

AVANT-PROPOS.

En rédigeant ce petit Cours d'Arithmétique, l'auteur s'est proposé de ne présenter que ce que la science du calcul renferme de plus important et de plus indispensable dans les diverses opérations qu'elle nécessite. Son but, par conséquent, a été de le rendre propre à être mis entre les mains des enfans du premier âge, et surtout de ceux dont le jugement n'est point assez exercé pour tirer quelque fruit de la lecture des ouvrages abstraits qui existent sur cette matière. Sous ce point de vue, il sera très utile aux écoles primaires : les écoliers y trouveront un langage adapté à leur jeune intelligence, et les maîtres un moyen simple d'obtenir des succès dans leur enseignement.

Afin de donner à ce livre un plus grand degré d'utilité, on a augmenté cette seconde édition d'un recueil de problèmes, et on l'a terminée par une série de modèles des principaux actes concernant les transactions commerciales, et dont la connaissance est de tous les états et de toutes les positions de la vie.

ARITHMÉTIQUE

ÉLÉMENTAIRE

A L'USAGE DES ÉCOLES PRIMAIRES.

PREMIÈRE PARTIE.

1. L'arithmétique est la science du calcul des nombres. Son but est de donner des moyens pour effectuer les diverses opérations auxquelles on peut les soumettre.

Pour se former une idée exacte des nombres, il faut concevoir qu'ils sont composés d'une certaine quantité de parties entières qu'on appelle *unités*. Ainsi l'unité est l'élément des nombres; c'est en général tout ce qui est *un*, c'est un objet unique, variable de nom et de grandeur suivant la nature des nombres que l'on considère.

Il y a trois classes de nombres : 1° les nombres entiers qui ne renferment que des unités entières, comme 345 qui contient trois cent quarante-cinq fois un ; 2° les nombres fractionnaires, qui renferment à la fois des unités entières et des parties d'unités; comme $24\,^1/_2$, ou $^{49}/_2$ qui contient vingt-quatre fois un et la moitié d'un ; 3° les fractions, comme $^2/_3$ qui ne contient que deux fois le tiers de un.

Les nombres peuvent être envisagés sous deux points de vue : ils sont concrets, quand ils se rapportent à une espèce d'unité déterminée, comme 25 francs, 36 aunes, etc. ; ils sont abstraits quand ils ne se rapportent à aucune espèce d'unité déterminée, comme 25, 36, etc.

DE LA NUMÉRATION.

2. La numération est l'art de former tous les nombres possibles, et pour cela on emploie dix caractères qu'on nomme chiffres et qui sont : 1, 2, 3, 4, 5, 6, 7, 8, 9, 0 (1). On les énonce un, deux, trois, quatre, cinq, six, sept, huit, neuf, zéro ; le premier vaut une unité simple, le second deux unités simples, le troisième trois unités simples, ... le neuvième neuf unités simples ; le dixième n'a aucune valeur par lui-même, il sert à remplacer, dans les nombres, les chiffres qui manquent, et à conserver aux autres leur rang et leur valeur. On voit donc qu'on peut déjà exprimer par un signe particulier un assemblage d'unités simples qui n'excède pas neuf ; mais si l'on veut former les nombres au-dessus de neuf, comme il n'y a pas de signe pour les exprimer, on imagine une collection de dix unités simples,

____

(1) On les appelle *chiffres arabes*, parce qu'ils nous viennent des Arabes.

et on en fait une unité d'un second ordre appelée *unité de dizaine*, et qu'on réprésente par le signe 10 qui n'est autre chose que le chiffre 1 suivi d'un zéro; par cette convention, deux dizaines, ou vingt s'écrit 20, trois dizaines, ou trente s'écrit 3o..... neuf dizaines, ou quatre-vingt-dix s'écrit 9o.

On imagine de même une collection de dix unités de dixaines, ou de cent unités simples, et on en fait une unité d'un troisième ordre appelée *unité de centaine*, et qu'on représente par le signe 100, c'est-à-dire par le chiffre 1 suivi de deux zéros. Par cette nouvelle convention, deux centaines ou deux cents s'écrit 200, trois centaines ou trois cents s'écrit 3oo....., neuf centaines ou neuf cents s'écrit 9oo.

En continuant ainsi de renfermer dix unités d'un certain ordre en une seule unité d'un ordre immédiatement supérieur, en écrivant à la suite des chiffres qui les expriment une certaine quantité suffisante de zéros, on parvient à former tous les ordres d'unités possibles; et de plus, si on remplace tous ces zéros successivement par chacun des chiffres significatifs, on obtient tous les nombres imaginables.

Le mode de génération des nombres que nous venons d'exposer nous conduit à conclure qu'un chiffre suivi de un, de deux, de trois, etc. zéros, a une valeur dix, cent, mille, etc. fois plus grande que s'il était seul, et que cette valeur croît dans la même proportion si les zéros sont remplacés par des chiffres significatifs. Il résulte de là qu'on peut attribuer deux valeurs à un chiffre, l'une propre ou absolue, et qui convient à sa figure, et l'autre relative qui convient au rang qu'il occupe dans un nombre. Ainsi dans le nombre 5oo, le chiffre 5 a pour valeur absolue cinq unités ; et pour valeur relative cinq centaines, ou cinq cents unités.

Nous venons de voir précédemment comment, à l'aide du système de numération ordinaire, on parvenait à former tous les différens ordres d'unités, et comment nous avons été conduit à les représenter par les signes

Unité.	Dix.	Cent.	Mille.	Dix-mille.	Cent-mille.	Million.
1	10	100	1000	10000	100000	1000000

Dix millions.	Cent millions.
10000000	100000000.

Or de ces différens ordres d'unité, il faut surtout distinguer ceux-ci :

Unité.	Mille.	Million.	Billion, etc.
1 ,	1000,	1000000,	1000000000,

et remarquer que le passage de l'un à l'autre se fait par des unités, des dixaines et des centaines ; d'où il suit que chacun de ces ordres contient des unités, des dizaines et des centaines de son espèce ; d'où il suit encore qu'un nombre étant donné, si on le partage en tranches de trois en trois chiffres, à partir de la droite, la première tranche à droite sera celle des unités simples, la seconde celle des milles, la troisième celle des millions, ainsi de suite ; et chacune d'elles contiendra toujours des unités, des dixaines et des centaines de son espèce.

Il résulte de ce que nous venons de dire, 1° que pour énoncer facilement un nombre, il faut le partager en tranches de trois en trois chiffres, à partir de la droite, puis à partir de la gauche, énoncer chaque tranche séparément et lui donner le nom du rang qu'elle occupe.

2° Que pour écrire un nombre, on commencera par la gauche, c'est-à-dire par les unités de l'ordre le plus élevé ; on écrira les différentes espèces d'unités les unes à la droite des autres, dans l'ordre décroissant, et on remplacera par des zéros les chiffres qui pourraient manquer.

Veut-on, par exemple, écrire le nombre : trente billions, trois cent deux millions, cinquante-quatre mille, deux unités ?

On observera que trente billions sont la même chose que trois dizaines de billion ou 030,

Que trois cent deux millions, sont la même chose que trois centaines de million et deux unités de million, ou 302 ;

Que cinquante quatre mille sont la même chose que cinq dizaines de mille et quatre unités de mille ou 054 ;

Qu'enfin deux unités sont la même chose que 002. En écrivant donc tous ces groupes de trois chiffres à la droite les uns des autres, en commençant par celui qui exprime les unités de l'ordre le plus élevé, le nombre ci-dessus sera représenté par o3o,3o2,o54,oo2 ou 3o3o2o54oo2.

DEUXIÈME PARTIE.

DES QUATRE OPÉRATIONS DE L'ARITHMÉTIQUE.

L'ADDITION.

3. L'addition est une opération qui a pour but de réunir plusieurs nombres de même espèce en un seul qu'on nomme somme ou total.

Cette définition nous montre qu'on ne peut ajouter entre elles que des unités de même nature : de sorte que si, par exemple, la somme des chiffres des unités simples renferme des dizaines, celles-ci doivent faire partie de la somme des chiffres des dizaines. Donc pour faire une addition,

On placera les nombres les uns sous les autres, de manière que les unités d'un même ordre se correspondent, c'est-à-dire les unités sous les unités, les dizaines sous les dizaines etc., et on soulignera le tout; puis, à partir de la droite, on fera la somme des chiffres de chaque colonne, et si cette somme excède neuf, ou ce qui est la même

chose, si elle contient des dizaines, on les retiendra pour les réunir à la somme de la colonne suivante.

Ainsi, soient les nombres 526, 741, 1032, 259,
24, à additionner ensemble, c'est-à-dire à en faire
la somme ou le total, on les disposera ainsi :

$$
\begin{array}{r}
526 \\
741 \\
1032 \\
259 \\
24 \\
\hline
\text{Somme. } 2582
\end{array}
$$

et l'on dira : 6 et 1 font 7, et 2 font 9, et 9 font
18, et 4 font 22; je pose 2 unités simples, et je
reporte à la colonne suivante 2 unités de dizaines;
puis je dis : 2 de retenus et 2 font 4, et 4 font 8, et
3 font 11, et 5 font 16, et 2 font 18; je pose 8 unités de dizaines, et je reporte une unité de centaine
à la 3me colonne, c'est-à-dire à celle des centaines;
ensuite je dis : 1 de retenu et 5 font 6, et 7 font
15, et 2 font 15, je pose 5 unités de centaines, et
je reporte une unité de mille à la colonne des milles; enfin je dis : 1 de retenu et 1 font 2, et je
pose 2; j'obtiens ainsi le nombre 2582.

Autre exemple : soit à additionner les nombres

$$
\begin{array}{r}
4503 \\
7964 \\
2976 \\
418 \\
34 \\
\hline
\text{Somme. } 15895
\end{array}
$$

Comme la somme des chiffres de la première colonne à droite est 25 unités simples, ou deux dizaines et cinq unités simples, on posera les cinq unités au-dessous de cette colonne et on retiendra les deux dizaines pour les joindre à la somme de la colonne suivante ; cette nouvelle somme deviendra alors dix-neuf dizaines, ou une centaine et neuf dizaines. On ne posera au-dessous de la seconde colonne que les neuf dizaines, et on retiendra la centaine pour la joindre à la somme de la troisième colonne. Cette nouvelle somme deviendra donc 28 centaines ou deux mille et huit centaines ; on ne posera au-dessous de la troisième colonne que les huit centaines, et on retiendra les deux mille pour les joindre à la somme de la quatrième colonne qui deviendra enfin 15 mille, ou une dizaine de mille et cinq mille ; mais, comme ici il n'y a point de colonnes exprimant les dizaines de mille, on posera les 15 mille tels qu'on les a trouvés.

LA SOUSTRACTION.

4. La soustraction est une opération qui a pour but de chercher de combien un certain nombre en surpasse un autre de même espèce. Le résultat qu'on obtient se nomme reste, ou excès ou différence.

Pour faire une soustraction, on écrira le plus petit nombre sous le plus grand, de manière que les unités d'un même ordre se correspondent, et on soulignera le tout; puis à partir de la droite, on retranchera successivement tous les chiffres du nombre inférieur de celui qui lui correspond dans le nombre supérieur; on posera chaque différence au-dessous, et zéro quand il n'y aura point de différence.

Soit, par exemple, à retrancher le nombre 245 du nombre 369, on les disposera ainsi :

$$369$$
$$245$$
___

Différence 124

Et l'on dira : 5 ôté de 9, il reste 4, je pose 4; 4 ôté de 6, il reste 2, je pose 2; 2 ôté de 3, il reste 1, et je pose 1; ainsi je trouve que le nombre 245 retranché de 369 donne pour différence 124.

Autre exemple : soit à chercher la différence entre les deux nombres 974385 et 723182.

$$974385$$
$$723182$$
___

Différence 251203

En partant de la droite, on retranchera successivement les chiffres 2, 8, 1, 3, 2, 7 des chiffres 5, 8, 3, 4, 7, 9, et on posera au-dessous les différences 3, 0, 2, 1, 5, 2, en sorte que la différence totale sera 251203.

Il arrive très souvent que, dans une soustraction, le nombre inférieur renferme des chiffres qui surpassent en valeur leurs correspondans du nombre

supérieur : alors comme dans ce cas, on ne pourrait retrancher un plus grand nombre d'un plus
petit , on rend cette soustraction possible en augmentant de dix unités de son ordre, le chiffre supérieur trop faible, et en augmentant en même
tems d'une unité, le chiffre inférieur suivant. Cela
est fondé sur ce que la différence entre deux nombres ne change pas de valeur quand ces nombres
augmentent de la même quantité. Éclaircissons
ceci par un exemple.

Soit à chercher la différence entre les deux nombres 8530472, 2378149, en disposant l'opération
comme précédemment,

$$8530472$$
$$2378149$$

on trouvera pour différence 6152323

En effet, la règle voulant qu'on retranche les
chiffres 9, 4, 1, 8, 7, 3, 2 des chiffres 2, 7, 4, 0,
5, 5, 8, on voit tout d'abord que 9 ne peut être
retranché de 2, que 8 ne peut l'être de 0, et que
7 ne peut l'être de trois. Alors on augmentera de
dix chacun des chiffres trop faibles, ce qui leur
donnera les valeurs 12, 10, 13, et on augmentera
d'une unité les chiffres inférieurs suivans 4,
7, 3 : de cette manière l'opération se changera en
celle-ci.   85,13,10,47,12
                  25 8   8 15 9

Différence   61 5   2 32 3

On peut encore faire l'opération en augmentant comme précédemment de dix chaque chiffre supérieur trop faible, et en diminuant d'une unité le chiffre supérieur suivant ; car par ce moyen, on ne change nullement la valeur du nombre supérieur, et il doit par conséquent excéder l'inférieur toujours de la même quantité.

Exemple : soit

$$9872$$
$$5348$$
Différence 4524

En augmentant le chiffre 2 de *dix* et en diminuant le chiffre 7 de *un*, le nombre supérieur devient 9860 plus 12, ou 9 mille, 8 cent, soixante-douze ; c'est-à-dire, qu'il conserve toujours sa valeur primitive 9872.

LA MULTIPLICATION.

5. La multiplication est une opération qui a pour but de répéter un nombre appelé multiplicande autant de fois qu'il y a d'unités dans un autre nombre appelé multiplicateur. Le résultat de cette opération se nomme produit. Le multiplicande et le multiplicateur se nomment facteurs du produit.

D'après cette définition, on voit que la multiplication n'est qu'une addition abrégée et qu'on pourrait obtenir le produit en ajoutant le multiplicande à lui-même autant de fois qu'il y a d'unités dans le multiplicateur.

TABLE DE MULTIPLICATION.

2 fois 2 font 4			4 fois 6 font 24			7 fois 7 font 49		
2	3	6	4	7	28	7	8	56
2	4	8	4	8	32	7	9	63
2	5	10	4	9	36	7	10	70
2	6	12	4	10	40	7	11	77
2	7	14	4	11	44	7	12	84
2	8	16	4	12	48			
2	9	18				8 fois 8 font 64		
2	10	20				8	9	72
2	11	22	5 fois 5 font 25			8	10	80
2	12	24	5	6	30	8	11	88
			5	7	35	8	12	96
3 fois 3 font 9			5	8	40			
3	4	12	5	9	45	9 fois 9 font 81		
3	5	15	5	10	50	9	10	90
3	6	18	5	11	55	9	11	99
3	7	21	5	12	60	9	12	108
3	8	24						
3	9	27				10 f 10 f 100		
3	10	30	6 fois 6 font 36			10	11	110
3	11	33	6	7	42	10	12	120
3	12	36	6	8	48			
			6	9	54	11 f 11 f 121		
4 fois 4 font 16			6	10	60	11	12	132
4	5	20	6	11	66			
			6	22	72	12 f 12 f 144		

Nous distinguerons deux cas principaux dans la
multiplication, celui où le multiplicande renferme
plusieurs chiffres et le multiplicateur un seul chif-

Ĩre, et celui où ces deux facteurs renferment à la fois plusieurs chiffres.

Pour faire la multiplication dans le premier cas (1), on écrira le multiplicateur sous les unités simples du multiplicande, et on soulignera le tout ; puis, à partir de la droite, on multipliera chaque chiffre du multiplicande par le chiffre du multiplicateur, et on posera chaque produit au-dessous s'il ne passe pas neuf ; mais s'il passe neuf, comme alors il contiendra des dizaines de son ordre, on les retiendra pour les joindre au produit suivant.

Exemple. Soit à multiplier 358 par 7 ; on disposera l'opération ainsi.

Multiplicande   358
Multiplicateur   7
____
Produit 2506

En multipliant d'abord 8 par 7 on obtient 56 unités, ou 5 dizaines et 6 unités, on pose les 6 unités au-dessous, et on retient les 5 dizaines pour les joindre au produit 35 de 5 par 7, ce qui donne 40 dizaines ou 4 centaines ; on pose zéro à la gauche de 6 et on retient les 4 centaines pour les joindre au produit 21 de 3 par 7, ce qui donne 25 centaines que l'on pose à la gauche du zéro, parce

____

(1) Nous supposons que les élèves ont bien appris la Table de multiplication ci-contre.

qu'il n'y a plus de chiffre à multiplier dans le multiplicande.

Pour faire la multiplication dans le cas où les deux facteurs renferment plusieurs chiffres, on disposera l'opération comme ci-dessus, puis en suivant la règle précédemment indiquée, on multipliera tout le multiplicande successivement par chaque chiffre du multiplicateur; on obtiendra ainsi autant de produits partiels qu'il y a de chiffres dans ce multiplicateur, on écrira tous des produits partiels les uns au-dessous des autres, de manière que le premier chiffre à droite de chacun d'eux soit placé dans le rang du chiffre qui a servi de multiplicateur. Cela fait, on fera la somme de tous les produits partiels et on obtiendra le produit total.

$$Exemple : \text{Multiplicande} \quad 9753$$
$$\text{Multiplicateur} \quad 428$$

$$78024$$
$$19506$$
$$39012$$

$$\text{Produit total} \quad 4174284$$

Cas particuliers. Si on avait un nombre à multiplier par 10, 100, 1000, etc; il suffirait d'écrire à sa droite un, ou deux, ou trois zéros; en effet, par cette opération, chaque chiffre du nombre proposé occuperait un, ou deux, ou trois, etc. rangs plus avancés vers la gauche, et en vertu du système de numération, il serait rendu 10, 100, 1000, etc. fois plus grand, donc tout le nombre lui-même serait multiplié par 10, 100, 1000, etc.

Si l'un des facteurs, ou tous les deux ensemble sont terminés par des zéros, on fait ordinairement l'opération sans faire attention à ces zéros, et lorsqu'on a obtenu le produit des chiffres significatifs, on écrit à sa droite tous les zéros qu'on a omis.

$$\textit{Exemple} : \quad \begin{array}{r} 358000 \\ 590 \\ \hline 3222 \\ 1790 \\ \hline \end{array}$$

Produit   211220000.

Il est facile de voir qu'en opérant ainsi, on obtient toujours le véritable produit, car en faisant abstraction des zéros, on répète dix fois moins un nombre mille fois plus petit. Le produit obtenu d'abord est donc dix mille fois trop petit; or d'après ce que nous avons dit dans le cas précédent, il suffira d'écrire quatre zéros à sa droite pour le rendre dix mille fois plus grand, ou en d'autres termes pour le ramener à sa vraie valeur.

Lorsqu'il se trouve des zéros entre les chiffres significatifs du multiplicateur, il suffit de multiplier le multiplicande seulement par ces chiffres significatifs, pourvu qu'on ait soin de placer le premier chiffre à droite de chaque produit partiel dans le rang du chiffre par lequel on a multiplié. Il est évident que par cette opération, on n'altère pas le produit total, car les zéros n'ayant pas de valeur par eux-mêmes, il est inutile de multiplier par ces zéros.

$$
\begin{array}{r}
Exemple: \quad 3548 \\
7006 \\
\hline
21288 \\
24836 \\
\hline
Produit \quad 24857288
\end{array}
$$

Remarque. Dans une multiplication, on peut toujours intervertir l'ordre des facteurs, c'est-à-dire, qu'on peut mettre le multiplicande à la place du multiplicateur et réciproquement; car si par exemple on avait à multiplier 4 par 3, l'opération reviendra à ajouter 4, trois fois à lui-même, ou bien ajouter 3, quatre fois à lui-même, ce qui est la même chose.

LA DIVISION.

6. La division est une opération par laquelle on cherche combien un nombre appelé dividende en contient un autre appelé diviseur; le résultat qu'on obtient se nomme quotient.

Nous distinguerons deux cas principaux, celui où le diviseur n'a qu'un chiffre, et celui où il en a plusieurs.

Pour faire l'opération dans le premier cas,

On placera le diviseur à la droite du dividende ; on séparera ces deux nombres par un trait vertical (1) et on soulignera le diviseur. Cela fait, on cherchera combien de fois le premier ou les deux premiers chiffres, aux plus à gauche du dividende, contiennent le diviseur ; on placera ce nombre de fois sous le diviseur, on multipliera le diviseur par ce premier quotient, et on retranchera le produit qui en résulte de la partie du dividende employée ; à côté du reste on abaissera le chiffre suivant du dividende total, ce qui fournira un nouveau dividende partiel, à l'égard duquel on opérera comme précédemment ; enfin on continuera de même l'opération jusqu'à ce qu'il n'y ait plus de chiffres à abaisser dans le dividende, ayant soin de placer tous les quotients partiels, à mesure qu'on les obtiendra, sous le diviseur et à la droite les uns des autres.

Exemple. Soit à diviser le nombre 5259573 par 9, on disposera l'opération ainsi :

```
Dividende   5259573 | 9 Diviseur.
        75          | 584397 Quotient.
        39
        35
        87
        63
         0
```

---

(1) De haut en bas.

Puis on dira : en 52 combien y a-t-il de fois 9 ?
5 fois ; on placera 5, sous le diviseur, ensuite on
multipliera 9 par 5 et on retranchera le produit 45
de 52 ; on écrira le reste 7 sous 52, et à côté du 7,
on abaissera 5, ce qui donnera 75 pour nouveau
dividende partiel. On se conduira à l'égard de ce
nouveau dividende comme sur le précédent, et on
obtiendra 8 pour second quotient. Après avoir
placé ce 8 à la droite du premier quotient 5, on
multipliera encore 9 par 8, et on retranchera le
produit 72 de 75 ; à côté du reste 3 on abaissera 9,
et on obtiendra 39 pour troisième dividende partiel. On continuera ainsi de suite jusqu'à ce qu'on
ait épuisé tous les chiffres du dividende, et on placera les quotients partiels 4, 3, 9, 7 à la droite les
uns des autres.

Remarque. S'il arrivait qu'un dividende partiel
ne contînt pas le diviseur, on mettrait un zéro au
quotient, et on abaisserait le chiffre suivant du dividende total à côté de ce dividende partiel.

Exemple :   216328|7
             063 |30904
             028
               0

Dans la pratique, on peut, au lieu de faire la
division comme nous venons de l'indiquer, prendre
sur-le-champ la neuvième partie de 5259573, qui
est le premier exemple de division que nous avons

donné, en se conduisant de cette manière : le neuvième de 52 est de 5; il reste 7 qui valent 70, 70 et
5 font 75 dont le neuvième est de 8 ; il reste 3 qui
valent 30, 30 et 9 font 39 dont le neuvième est de 4;
il reste 3 qui valent 30, et 5 font 35 dont le neuvième
est de 3, il reste 8, qui valent 80 ; 80 et 7 font 87
dont le neuvième est de neuf; il reste 6 qui valent
60 , 60 et 3 font 63 dont le neuvième et de 7.

En opérant ainsi, on obtient tous les chiffres du
quotient ; et en les plaçant à la droite les uns des autres on trouve le quotient total 584397.

*Pour faire la division dans le cas où le diviseur ren-
ferme plusieurs chiffres.*

On disposera l'opération comme il a été dit
plus haut, puis on séparera par une virgule, à la
gauche du dividende, assez de chiffres pour que le
diviseur y soit contenu; on aura ainsi un premier
dividende partiel. On cherchera combien de fois
ce dividende partiel contient le diviseur, on placera le résultat sous le diviseur, et on le multipliera
par le diviseur ; on retranchera le produit du dividende employé ; à côté du reste , on abaissera le
chiffre suivant du dividende total, et on obtiendra
un second dividende partiel à l'égard duquel on
opérera comme précédemment ; on continuera ainsi
l'opération jusqu'à ce qu'il n'y ait plus de chiffres
à abaisser, ayant soin d'écrire tous les quotients
partiels à la droite les uns des autres.

Exemple :   2688,7602 $\underline{749}$

            4417 $|$35898

            6726

            7340

            5992

            000

Cas particuliers. Toutes les fois qu'un dividende est terminé par des zéros et qu'il sagit de le diviser par 10, 100, 1000, etc. ; on obtient le quotient en supprimant un ou deux, ou trois zéros, etc. ; en effet, chaque chiffre du dividende se trouve alors occuper un, ou deux, ou trois rangs, etc., plus avancés vers la droite, et en vertu du système de numération, ces chiffres ont une valeur relative, dix, cent, mille, etc. fois plus petite : donc tout le nombre est divisé par 10, 100, 1000, etc.

Si le dividende et le diviseur sont terminés tous deux par des zéros, on en supprime dans chacun de ces nombres autant qu'il y en a dans celui qui en contient le moins, et le quotient ne s'altère pas. Car les zéros que l'on supprime au dividende rendent le quotient 10, 100, 1000, etc. fois plus petit, et ceux que l'on supprime au diviseur rendent ce même quotient 10, 100, 1000, etc. fois plus grand : donc il doit y avoir compensation.

Remarque. Dans une division partielle, on ne peut jamais obtenir plus de 9 au quotient ; en effet, le seul cas où il serait possible de mettre 10, ce serait celui où le dividende partiel contiendrait un chiffre de plus que le diviseur ; or, dans ce cas, si on mettait 10 , il arriverait qu'en multipliant le diviseur par le quotient, on obtiendrait un produit qui aurait autant de chiffres que le dividende, et qui, par conséquent, ne pourrait en être retranché , puisque les premiers chiffres à gauche de ce produit, sont plus grands que les chiffres correspondans du dividende.

PREUVE DES QUATRE OPÉRATIONS.

7. Une preuve est une seconde opération que l'on fait pour s'assurer de l'exactitude de la première.

Preuve de l'Addition.

Pour faire la preuve de l'addition , on additionne à partir de la gauche, et on retranche la somme de chaque colonne de la partie qui lui correspond dans la somme totale, ayant soin d'écrire tous les restes au-dessous , et de les considérer, par la pensée, comme dizaines de l'ordre du chiffre suivant, pour les joindre aux unités de cet ordre dans la somme totale. Si la première opération a été bien faite, le reste qu'on trouve en retranchant la somme de la colonne la plus à droite de la partie qui lui correspond dans la somme totale doit être zéro.

2

Exemple :   97837

4254

3475

958

29

Somme.   106553

Preuve.   12230

Il est évident que si la première opération a été bien faite, le dernier reste doit être zéro ; car les restes successifs que l'on obtient ne sont autre chose que les diverses retenues qui ont résulté de l'addition primitive ; et comme la somme de la colonne la plus à droite n'a été composée d'aucune retenue, il ne peut pas se faire autrement qu'on ne retrouve zéro pour reste.

Preuve de la Soustraction.

La preuve de la soustraction se fait en additionnant la différence trouvée avec le plus petit des nombres, et si la première opération a été bien faite, on doit avoir pour somme le plus grand : en effet, la différence n'est autre chose que ce qui manque au plus petit nombre pour égaler le grand.

Preuves de la Multiplication et de la Division.

La multiplication et la division se servent réciproquement de preuves. Celle de la multiplication se fait en divisant le produit par un des facteurs, et si la première opération a été bien faite, on doit retrouver l'autre facteur au quotient. Celle de la division se fait en multipliant le diviseur par le quotient (et en ajoutant au produit le reste s'il y en a un), et si la division a été bien faite, on doit retrouver le dividende au produit.

TROISIÈME PARTIE.

DES FRACTIONS.

8. Si on a une unité quelconque, telle qu'une aune, une toise, etc., et qu'on l'imagine partagée en un certain nombre de parties égales, et qu'on considère une ou plusieurs de ces parties, on aura l'idée d'une fraction.

Une fraction est donc une ou plusieurs parties égales de l'unité.

Une fraction s'exprime toujours avec deux *termes* : l'un que l'on nomme *dénominateur*, et qui indique en combien de parties égales l'unité a été partagée, et l'autre que l'on nomme *numérateur*, et qui indique combien on a pris de parties de l'unité. Supposons, par exemple, que l'unité a été partagée en neuf parties et qu'on ait pris cinq de ces parties, le nombre 9 sera le *dénominateur*, et le nombre 5 sera le *numérateur*.

On écrit une fraction en plaçant le dénominateur au-dessous du numérateur, et en séparant ces
deux nombres par un trait transversal, de cette manière, $^5/_9$.

On énonce une fraction en nommant d'abord le
numérateur et ensuite le dénominateur, en ajoutant à ce dernier la syllabe *ième*; ainsi les fractions $^5/_9$, $^2/_7$, etc., s'énonceront *cinq neuvièmes,
deux septièmes*, etc. Il y a trois exceptions à cette
règle; c'est lorsque le dénominateur est un de ces
chiffres, 2, 3, 4, alors on énonce demi, tiers,
quart.

9. D'après la définition que nous avons donnée
du numérateur et du dénominateur d'une fraction, il résulte que si, sans toucher au dénominateur, on multiplie ou on divise le numérateur par
un nombre quelconque, on rend la fraction le
même nombre de fois plus grande ou plus petite ;
qu'il résulte aussi que si, sans toucher au numérateur, on multiplie ou on divise le dénominateur
par un nombre quelconque, on rend la fraction
le même nombre de fois plus petite ou plus
grande.

Il suit de là qu'en multipliant ou en divisant les
deux termes d'une fraction par un même nombre,
on n'en change pas la valeur.

10. Souvent une fraction étant exprimée par
des termes fort grands, est susceptible d'être sim-

plifiée. Pour y parvenir, on examine si ses deux termes ne sont pas divisibles exactement et à la fois par quelqu'un des nombres 2,3,5,7,11, etc.; et quand cela est possible, on exécute cette division, et la fraction se change en une autre de même valeur (9), et exprimée par des termes plus simples.

Soit la fraction $^{84}/_{126}$; en divisant d'abord ses deux termes par 2 elle devient $^{42}/_{63}$; en divisant les deux termes de celle-ci par 3, elle devient $^{14}/_{21}$; enfin, en divisant les deux termes de cette dernière par 7, elle se réduit à $^{2}/_{3}$.

N. B. On aurait pu parvenir à la plus simple expression de la fraction proposée en divisant ses deux termes par 42, produit des nombres 2, 3 et 7 que l'on a pris pour diviseurs.

11. Nous avons dit (1) qu'un nombre fractionnaire était composé d'unités entières et de parties d'unités; or, un nombre fractionnaire se présente ordinairement sous deux formes : 1° sous une forme entièrement fractionnaire, et c'est quand le numérateur est plus grand que le dénominateur, comme $^{69}/_{7}$; 2° sous une forme où les unités sont isolées de la fraction, comme $9 + ^{6}/_{7}$. Si l'on veut savoir combien un nombre fractionnaire tel que $^{69}/_{7}$, par exemple, contient d'unités, il faut diviser son numérateur par son dénominateur, et le quotient donne les unités, en sorte que ce nombre fraction-

naire est équivalent à $9 + {}^6/_7$ (*). En effet, le dénominateur 7 indique que l'unité se compose de sept
parties égales ; autant de fois donc 7 sera contenu
dans le numérateur 69, qui indique combien on
prend de parties de l'unité, autant il y aura d'unités ; réciproquement, si l'on veut revenir de l'expression $9 + {}^6/_7$ à l'expression ${}^{69}/_7$, il n'y aura qu'à
multiplier le nombre entier 9 par le dénominateur
7 de la fraction qui l'accompagne, ensuite ajouter
au produit 63 le numérateur 6 de cette même fraction et écrire 7 sous la somme 69.

Remarque. L'opération que nous venons de faire
nous porte à conclure qu'en général, une fraction
n'est autre chose que l'expression du quotient
d'une division dont le numérateur est le dividende
et le dénominateur le diviseur.

12. Tout nombre entier peut être transformé en
une expression fractionnaire ayant pour dénominateur un nombre quelconque ; pour cela il faut
multiplier le nombre entier par le dénominateur
qu'on veut lui donner, et écrire ce dénominateur
sous le produit. C'est ainsi que le nombre entier 8
peut prendre la forme de ${}^{72}/_9$. En effet, en multipliant 8 par 9 on le rend neuf fois plus grand ; mais
dès qu'on place le chiffre 9 sous le produit, on le
divise par 9 : ainsi il y a compensation.

____

(*) Le signe $+$ signifie *plus*, et le signe $\times$ signifie *multiplier par*.

RÉDUCTION DES FRACTIONS AU MÊME DÉNOMINATEUR.

13. Réduire des fractions au même dénominateur, c'est les ramener à d'autres équivalentes en valeur et qui aient un même dénominateur.

Pour réduire seulement deux fractions au même dénominateur, on multiplie les deux termes de chacune par le dénominateur de l'autre.

Soient les deux fractions $3/5$ et $7/9$; pour mettre à exécution la règle ci-dessus, on multipliera chaque terme de la première par 9, et ensuite chaque terme de la seconde par 5, et on obtiendra les deux nouvelles fractions $27/45$, $35/45$ qui sont respectivement équivalentes aux proposées, puisque $27/45$ provient de la multiplication des deux termes de $3/5$ par 9 et que $35/45$ provient de la multiplication des deux termes de $7/9$ par 5 (9).

Pour réduire plus de deux fractions au même dénominateur, on multiplie les deux termes de chacune par le produit effectué des dénominateurs de toutes les autres.

Soient les fractions $2/3$, $4/5$, $3/7$, $7/9$; on multipliera d'abord le dénominateur 5 par le dénominateur 7, ce qui donnera 35; ensuite on multipliera 35 par le dénominateur 9, et on obtiendra le nombre 315; cela fait, on multipliera chaque terme de la fraction $2/3$ par 315, et on obtiendra enfin $630/945$. On multipliera de même entr'eux les dénominateurs 3, 7, 9, ce qui donnera 189, puis on multipliera chaque terme de $4/5$ par 189 et on obtiendra $756/945$. En se conduisant semblablement pour les autres fractions, on trouvera qu'elles se changent en $405/945$ et $735/945$; en sorte que actuellement au lieu des fractions proposées, on a celles-ci qui ont un même dénominateur et qui leur sont équivalentes $630/945$, $756/945$, $405/945$, $735/945$.

Il peut arriver que parmi les fractions proposées, il y en ait une dont le dénominateur contînt exactement tous les autres, alors on peut simplifier l'opération en multipliant les deux termes de chaque fraction par le quotient qu'on obtient en divisant ce dénominateur par celui de la fraction que l'on veut réduire.

Soient les fractions $1/2$, $2/3$, $3/4$ $5/6$, $7/8$, $11/12$, $17/24$. Le dénominateur 24 contenant 2 douze fois, 3 huit fois, 4 six fois, 6 quatre fois, 8 trois fois et 12 deux fois, on multiplie les deux termes de la première par 12, ceux de la seconde par 8, ceux de la troisième par 6, ceux de la quatrième par 4, ceux de la cinquième par 3, et ceux de la sixième par 2; on les échange ainsi en ces équivalentes, $12/24$, $16/24$, $18/24$, $20/24$, $21/24$, $22/24$, $17/24$.

ADDITION DES FRACTIONS.

14. Comme on ne peut effectuer une addition que sur des nombres de même espèce, lorsqu'il s'agit d'ajouter des fractions entr'elles, il faut d'abord

voir si elles ont un même dénominateur ; dans le cas où cela est, on ajoute ensemble tous les numérateurs, et on donne à la somme le dénominateur commun ; dans le cas contraire, on commence par les réduire au même dénominateur et on opère comme ci-dessus.

Soit à ajouter les fractions $\frac{2}{3}$, $\frac{5}{7}$, $\frac{4}{9}$, $\frac{3}{11}$, on les réduit au même dénominateur et elles deviennent $\frac{1386}{2079}$, $\frac{1485}{2079}$, $\frac{924}{2079}$, $\frac{567}{2079}$. En les ajoutant actuellement selon la règle précédemment indiquée, on obtient pour leur somme $\frac{4362}{2079} = 2 + \frac{204}{2079}$ (11).

Il est évident que, dans cette opération, il faut ajouter les numérateurs, car ils indiquent combien on a pris de parties de l'unité, et ici le but de l'addition est de trouver la totalité de ces parties. On donne à la somme le dénominateur commun, parce qu'il exprime la nature des fractions, et que la somme doit être de même nature que les quantités qui la composent.

Si on avait à faire l'addition de plusieurs nombres fractionnaires dont les entiers sont séparés des fractions, on ferait d'abord la somme des fractions ; puis on en extrairait les unités pour les joindre à la somme des nombres entiers.

Soient à additionner les nombres

$$18 + \frac{2}{3}, \quad 59 + \frac{3}{7}, \quad 36 + \frac{4}{9}, \quad 64 + \frac{5}{11},$$

la somme des fractions est $\frac{4562}{2049}$ ou $2 + \frac{204}{2079}$; en ajoutant les 2 unités à la somme des entiers, on obtient $159 + {}^{204}/_{2079}$ pour somme totale.

SOUSTRACTION DES FRACTIONS.

15. Pour faire la soustraction des fractions, on les réduit au même dénominateur si elles ne le sont pas, puis on cherche la différence des numérateurs, et on donne à cette différence le dénominateur commun.

Soient les fractions $^7/_9$ et $^3/_4$, elles se changent en $^{28}/_{36}$ et $^{27}/_{36}$, et leur différence devient $^1/_{36}$.

Si l'on avait à chercher la différence de deux nombres fractionnaires tels que $59 + {}^2/_5$ et $38 + {}^3/_4$ on réduirait d'abord les fractions au même dénominateur, et on aurait alors à opérer sur les nombres $59 + {}^8/_{20}$ et $38 + {}^{15}/_{20}$; mais il se présente ici une difficulté, c'est que la fraction de la quantité à retrancher est plus grande que celle de la quantité de laquelle on doit retrancher. Pour rendre possible la soustraction dans ce cas, on augmente le numérateur de la fraction $^8/_{20}$ de 20 parties de sa nature, c'est-à-dire qu'au lieu de $^8/_{20}$, on suppose qu'on a $^{28}/_{20}$, et pour faire compensation on ajoute une unité à 38, ce qui donne 39. Ainsi on a maintenant à chercher la différence entre les nombres $59 + {}^{28}/_{20}$ et $39 + {}^{15}/_{20}$, et en opérant d'abord sur les fractions, ensuite sur les nombres entiers, on trouve $20 + {}^{13}/_{20}$ pour différence.

MULTIPLICATION DES FRACTIONS.

16. On distingue trois cas dans la multiplication de fractions : 1° la multiplication d'une fraction par un nombre entier; 2° la multiplication d'un nombre entier par une fraction ; 3° la multiplication d'une fraction par une fraction.

Dans le premier cas, on multiplie le numérateur de la fraction par le nombre entier, sans toucher au dénominateur, ou on divise, si cela peut se faire exactement, le dénominateur par le nombre entier, sans toucher au numérateur.

Soit à multiplier $^5/_{12}$ par 3, le produit sera ici indifféremment $^{15}/_{12}$ ou $^5/_4$. En effet, le numérateur d'une fraction indique, en général, combien on a pris de parties de l'unité; donc, si on le multiplie par un nombre entier, il doit indiquer qu'on a pris autant de fois plus de parties que le marque ce nombre entier, et par conséquent la fraction est rendue autant de fois plus grande.

D'un autre côté, le dénominateur indique en combien de parties égales l'unité a été partagée : donc si on l'a divisé par un nombre entier, il doit indiquer que l'unité a été partagée en autant de fois moins de parties que le marque ce nombre entier; mais comme en moins de parties l'unité est partagée, plus ces parties sont grandes, il résulte donc que, par cette seconde opération, la fraction est rendue autant de fois plus grande que le marque le nombre par lequel on a divisé son dénominateur.

La multiplication d'un nombre entier par une fraction se fait comme dans le cas précédent, car, en intervertissant l'ordre des facteurs, ce qui est permis, on change l'opération en la précédente.

Dans le troisième cas, c'est-à-dire, lorsqu'il s'a-git de la multiplication d'une fraction par une fraction, on obtient le produit en multipliant les numérateurs entre eux et les dénominateurs entre eux.

Soit à multiplier la fraction $4/5$ par la fraction $7/8$, le produit sera $28/40$; en effet si l'on avait seulement $4/5$ à multiplier par le nombre entier 7, en vertu de ce qui a été dit plus haut, le produit serait $28/5$; mais ce produit serait huit fois trop grand puisque le véritable multiplicateur $7/8$ est huit fois plus petit que 7 : donc pour le ramener à sa vraie valeur, il faut multiplier son dénominateur 5 par 8.

Si on avait à multiplier entre eux deux nombres fractionnaires tels que $7 + 5/4$ et $9 + 5/7$, on commencerait par les changer en $33/4$ et en $68/7$ (1), et l'opération rentrerait dans le cas précédent.

DIVISION DES FRACTIONS.

17. Comme la multiplication, la division des fractions présente trois cas, 1° la division d'une fraction par un nombre entier ; 2° la division d'un

nombre entier par une fraction; 3° la division d'une fraction par une fraction.

Pour diviser une fraction par un nombre entier, on multiplie son dénominateur par ce nombre entier, ou si cela peut se faire exactement, on divise son numérateur par ce nombre entier.

Soit à diviser la fraction $^4/_7$ par 2, ici le quotient sera indifféremment $^4/_{14}$ ou $^2/_7$; en effet, en multipliant le dénominateur, on indique que l'unité a été partagée en deux fois plus de parties, mais alors les parties, étant deux fois plus petites, la fraction devient elle-même deux fois plus petite.

D'un autre côté, en divisant le dénominateur par 2, on indique qu'on prend deux fois moins de parties de l'unité, donc la fraction devient deux fois plus petite.

Pour diviser un nombre entier par une fraction, la méthode la plus simple est de convertir le nombre entier en fractions de même nature que le diviseur (12); puis, après avoir supprimé le dénominateur commun, de diviser les numérateurs l'un par l'autre.

Soit à diviser le nombre entier 16 par la fraction $^5/_7$, selon ce que nous venons de dire, l'opération se réduira à diviser $^{112}/_7$ par $^5/_7$ ou 112 par 5 et le quotient sera $^{112}/_5$ ou $22 + ^2/_5$.

Il est évident que le quotient ne change pas de valeur en supprimant le dénominateur commun, car on ne fait que rendre le dividende et le diviseur autant de fois plus grands qu'il y a d'unités dans ce dénominateur.

Pour diviser une fraction par une fraction, on réduira ces fractions au même dénominateur, puis on supprimera ce dénominateur commun, et on divisera les numérateurs l'un par l'autre. Tout se fait comme dans le cas précédent.

Si on avait à diviser entre eux deux nombres fractionnaires tels que $12 + {}^2/_3$ et $2 + {}^1/_5$, on leur donnerait la forme des fractions ${}^{38}/_3$ et ${}^{11}/_5$; et on opérerait comme précédemment.

QUATRIÈME PARTIE.

DES DÉCIMALES.

18. Nous avons vu (2) comment, à l'aide de certaines conventions, on parvenait à former les différens ordres d'unités propres à exprimer tous les nombres plus grands que *un:* en procédant d'une manière analogue, mais suivant une loi inverse, on sent qu'on peut soumettre les fractions au même système de numération que les nombres entiers. Pour atteindre ce but, on imagine d'abord l'unité partagée en dix parties égales que l'on nomme *dixième*, ensuite chaque dixième partagé en dix parties égales que l'on nomme *centième*, chaque centième partagé en dix parties égales que l'on

nomme *millième*, ainsi de suite. On forme ainsi de nouveaux ordres d'unités qui deviennent de dix en dix fois plus petites, et que, par cette raison, on écrit à la droite les uns des autres, mais que l'on distingue des unités d'où on les a déduits, en les séparant par une virgule. Les nombres que l'on obtient par ce mode de génération, se nomment décimales. *Les décimales sont donc des parties de l'unité qui sont de dix en dix fois plus petites qu'elle.*

D'après ce que nous venons de dire, le nombre 58,3792 doit renfermer 58 unités, 3 dixièmes, 7 centièmes, 9 millièmes et 2 dix millièmes.

Dans le cas où un nombre décimal ne contient pas d'unités entières, on les remplace par un zéro, de cette manière 0,459; alors ce nombre est une fraction décimale proprement dite.

19. Dans une fraction décimale, il faut surtout distinguer deux choses : 1° la partie significative qui n'est autre que l'ensemble de ses chiffres, 2° le rang qu'occupe après la virgule, son chiffre le plus à droite.

20. Pour écrire une fraction décimale, on écrit sa partie significative comme un nombre entier, et on place à sa gauche assez de zéros pour que son chiffre à droite occupe après la virgule le rang qui lui convient.

21. On énonce une fraction décimale, en lisant sa partie significative comme un nombre entier, et en lui donnant le nom du rang qu'occupe après

la virgule, son chiffre à droite. Ainsi la fraction 0,035 s'énoncera 35 millièmes, parce que son dernier chiffre à droite occupe le rang des millièmes.

22. Toute fraction décimale peut être considérée comme une fraction ordinaire qui a pour numérateur la partie significative, et dont le dénominateur est l'unité suivie d'autant de zéros qu'il y a de décimales après la virgule, en sorte que la fraction 0,0509 peut se mettre sous la forme de $^{509}/_{10000}$.

23. Il suit de ce qui précède qu'on peut, sans altérer une fraction décimale, écrire ou retrancher à sa droite tant de zéros que l'on veut. En effet, soit la fraction 0,54 ; si on écrit un zéro à la droite, elle deviendra 0,540, et alors son numérateur (22) indiquera qu'on a pris dix fois plus de parties de l'unité, tandis que son dénominateur exprimera que l'unité a été partagée en dix fois plus de parties ; il y aura donc compensation (9).

24. Lorsqu'on veut multiplier un nombre décimal par 10, 100, 1000, etc., il suffit d'avancer la virgule de un, de deux, de trois, etc. chiffres vers la droite. En effet, par cette opération, chaque chiffre du nombre entier se trouve occuper des rangs plus avancés vers la gauche, et chaque chiffre de la partie décimale s'est approché de la virgule.

Réciproquement, si l'on veut diviser un nombre décimal par 10, 100, 1000, etc., il suffira de reculer la virgule de un, de deux, de trois chiffres vers la gauche.

Il suit de là qu'on peut diviser un nombre entier quelconque par 10, 100, 1000, etc., en séparant par une virgule, un, deux, trois, etc. chiffres sur sa droite.

25. Une fraction ordinaire quelconque peut toujours être transformée en une fraction décimale donnée. Pour cela on écrit à la droite de son numérateur autant de zéros qu'on veut avoir de chiffres décimaux; ensuite on divise ce numérateur par le dénominateur, et on sépare par une virgule, sur la droite du quotient, autant de chiffres qu'on a écrit de zéros.

Soit la fraction $^3/_7$ qu'il s'agit de transformer en millièmes, par exemple; on écrira d'abord $^{3000}/_7$, puis on divisera 3000 par 7, et on obtiendra 0,428.

Il est facile de se rendre raison de cette règle; en effet, la fraction $^3/_7$ exprime un quotient (11); or, en écrivant trois zéros au numérateur, on multiplie réellement le dividende par mille, le quotient devient par suite mille fois trop grand; donc, pour le ramener à sa véritable valeur, il faut séparer trois chiffres sur sa droite.

26. Ce qui précède trouve son application dans la division ordinaire des nombres, et lorsque cette division ne s'est pas faite exactement: dans ce cas,

2*

le quotient entier que l'on obtient n'est qu'approché ; mais si l'on veut obtenir un plus grand degré d'approximation, on écrit un certain nombre de zéros à la droite du reste, puis on continue la division par le même diviseur, et on sépare sur la droite du quotient autant de chiffres qu'on a écrit de zéros (*).

DES QUATRE OPÉRATIONS DES DÉCIMALES.

27. Les nombres décimaux ayant la forme des nombres entiers, il est évident que les opérations auxquelles on peut les soumettre sont les mêmes et sont assujetties au mêmes règles.

DE L'ADDITION.

28. L'addition des nombres décimaux se fait comme celle des nombres entiers, seulement on écrit, à la somme, la virgule au même rang qu'elle occupe dans les nombres que l'on ajoute. En effet, cette somme doit toujours être de même nature que les parties dont elle se compose.

$$
\begin{array}{rr}
\textit{Exemple :} & 584,00703 \\
& 37,59 \\
& 49,908 \\
& 0,29 \\
\hline
\text{Somme.} & 671,79503
\end{array}
$$

(*) Dans ce genre d'opération, on augmente le dernier quotient partiel d'une unité, si on prévoit qu'en cherchant un chiffre de plus, ce chiffre doit être au moins 5.

DE LA SOUSTRACTION.

29. La soustraction des nombres décimaux se fait aussi comme celle des nombres entiers, seulement on écrit à la droite de celui qui a le moins de décimales, assez de zéros pour qu'il en ait autant que l'autre ; puis on place à la différence la virgule au rang qu'elle occupe dans les nombres proposés, car la différence doit être de même nature que ces nombres.

$$\begin{array}{rr} \textit{Exemple :} & 94,08000 \\ & 5,05937 \\ \hline \textit{Différence} & 89,02063 \end{array}$$

DE LA MULTIPLICATION.

30. Il y a deux cas à considérer : ou l'un des facteurs renferme des décimales, ou les deux facteurs en renferment.

Dans l'un et l'autre cas, la multiplication se fait comme celle des nombres entiers, puis on sépare sur la droite du produit autant de chiffres décimaux que les facteurs en contiennent.

$$\begin{array}{rr} \textit{Exemple :} 58,037 & 9,548 \\ 64 & 5,6 \\ \hline 252148 & 57288 \\ 348222 & 47740 \\ \hline \textit{Produit.} \quad 3714,368 & 53,4688 \end{array}$$

En faisant l'opération sans avoir égard aux virgules qui se trouvent dans les facteurs, on considère ces facteurs comme exprimant des nombres 10, 100, 1000, etc. fois plus grands qu'ils ne le sont réellement; on obtient donc un produit qui est le même nombre de fois trop grand; donc, pour le ramener à sa véritable valeur, il faut séparer sur sa droite autant de chiffres décimaux que les facteurs en contiennent.

DE LA DIVISION.

31. Il y a trois cas dans la division des nombres décimaux, ou le dividende seul renferme des décimales, ou le diviseur seul en renferme, ou ces nombres en renferment tous deux.

Dans le premier cas, on opère comme sur des nombres entiers, ensuite on sépare sur la droite du quotient autant de chiffres qu'il y a de décimales dans le dividende. Ceci est fondé sur ce qu'en faisant l'opération sans avoir égard à la virgule du dividende, on le considère comme un nombre 10, 100, 1000, etc. fois plus grand qu'il n'est : donc le quotient devient le même nombre de fois trop grand, et ainsi il faut le ramener à sa véritable valeur en séparant sur sa droite autant de chiffres que le dividende contient de décimales.

Exemple : 3729,28|64
  529 |58,27
  172
  448
   00

Dans le second cas, on supprime la virgule du diviseur, puis on écrit à la droite du dividende autant de zéros qu'il y avait de décimales au diviseur, et on fait l'opération comme sur des nombres entiers. Il est évident qu'alors il n'y a pas de virgule à mettre au quotient, car on a rendu le dividende et le diviseur tous deux le même nombre de fois plus grands, ce qui n'altère pas le quotient.

Dans le troisième cas, si le dividende et le diviseur ont autant de décimales l'un que l'autre, on supprime les virgules et on opère comme dans le cas précédent. Si l'un de ces nombres contient plus de décimales que l'autre, on écrit à la droite de celui qui en a moins, assez de zéros pour qu'il en ait autant que l'autre, et le quotient n'est point altéré.

CINQUIÈME PARTIE.

SYSTÈMES MÉTRIQUES.

32. Un système métrique est une certaine série de mesures propres à faciliter les opérations du commerce.

Les principales mesures que l'on employait autrefois étaient celles-ci :

1° La toise, pour évaluer les longueurs; elle

contenait 6 pieds, le pied contenait 12 pouces, le pouce 12 lignes, et la ligne 12 points.

2° L'aune, qui servait à mesurer les étoffes, et qui contenait 3 pieds 7 pouces 10 lignes et 10 points. Elle se subdivisait en demi, tiers, quart, huitième et seizième.

3° L'arpent, qui servait à la mesure des superficies, et qui contenait 100 perches carrées; la perche valait 18 pieds.

4° La toise cube, qui servait à l'évaluation des volumes.

5° Le setier, qu'on employait pour mesurer les grains ; on le divisait en 12 boisseaux, et le boisseau en 16 litrons.

6° Le muid, qui servait à la mesure des liquides ; il contenait 288 pintes.

7° La livre pesant, qui valait 16 onces, l'once 8 gros, et le gros 72 grains.

8° La livre monnaie ou la livre tournois, qui valait 20 sous, et le sou 12 deniers.

DU NOUVEAU SYSTÈME MÉTRIQUE.

33. Les mesures dont nous avons donné ci-dessus la nomenclature étaient particulièrement en usage à Paris ; elles étaient différentes dans les autres provinces de France, et variaient selon les lieux.

Non seulement leur diversité nuisait aux transactions commerciales, mais elles avaient le défaut de n'être appuyées sur aucune base fixe qui pût servir à les rectifier en cas d'altération.

Depuis on a fait disparaître ces inconvéniens, en adoptant un seul système de mesure pour toute la France, et en le déduisant du méridien terrestre, dont la longueur ne varie jamais, au moins d'une manière sensible après plusieurs siècles.

34. Pour arriver à ce résultat, on a pris la dix-millionième partie du quart du méridien de Paris, ou de la distance du pôle à l'équateur, et comme cette distance était évaluée à 5130742,50 toises, la division a fourni 3 pieds 11 lignes et $^{296}/_{1000}$.

Cette mesure a été adoptée pour remplacer désormais la toise et l'aune. On lui a donné le nom de mètre.

La nouvelle mesure de superficie a été formée en concevant un carré de dix mètres de côté, et dont la surface est par conséquent de cent mètres carrés. On lui a donné le nom d'are ou de décamètre carré.

Pour évaluer les volumes des corps, on est convenu de les comparer au stère ou mètre cube, c'est-à-dire à un cube (*) dont chaque face est un mètre carré.

La mesure de contenance ou de capacité a pris

(*) Un cube est un corps compris sous six faces carrées, tel qu'un dé à jouer.

le nom de litre; c'est un décimètre cube, ou un cube dont chaque face est un décimètre carré.

La mesure de pesanteur a reçu le nom de gramme; c'est le poids d'un centimètre cube d'eau distillée, à la température de la glace fondante. Il pèse 18 grains et $827/1000$.

L'unité monétaire se nomme franc; c'est une pièce de monnaie qui pèse cinq grammes et qui contient $9/10$ de fin et $1/10$ d'alliage. Le franc excède l'ancienne livre tournois de trois deniers ou de $1/80$.

Telles sont les principales unités de mesures que l'on a substituées aux anciennes. Elles sont, comme on voit, au nombre de six; savoir :

1° Le mètre, qui vant 3 pieds 0 pouces 11 lignes 296 millièmes.

2° L'are, qui est un carré de dix mètres de côté.

3° Le stère, qui est un mètre cube.

4° Le litre, qui est un décimètre cube.

5° Le gramme, qui pèse 18 grains 827 millièmes.

6° Le franc, qui vaut 243 deniers.

35. Le nouveau système métrique a, comme nous l'avons dit, un grand avantage sur l'ancien, et cet avantage existe surtout dans la facilité que l'on a de pouvoir le soumettre au calcul décimal. Pour cela, on a inventé des mots propres à exprimer leurs multiples et leurs sous-multiples.

Voici le tableau de ces mots et de la valeur nu-
mérique de chacun d'eux.

       Myria................ 10000
       Kilo................. 1000
       Hecto............... 100
       Déca................ 10
       Unité............... 1
       Déci................ 0,1
       Centi............... 0,01
       Milli............... 0,001

En écrivant chaque unité des nouvelles mesures
à la droite des mots ci-dessus, on formera leurs
multiples et leurs sous-multiples suivant la base
décimale. C'est ainsi, par exemple, que décamètre, hectomètre, kilomètre, myriamètre, décimètre, centimètre, millimètre, exprimeront dix mètres, cent mètres, mille mètres, dix mille mètres,
un dixième de mètre, un centième de mètre, un
millième de mètre. Il en est de même pour les
autres unités.

36. La nécessité où l'on est souvent de convertir les unités de l'ancien système métrique en
unités du nouveau, a porté plusieurs calculateurs
à composer des tables de conversions. Comme ces
tables sont fort répandues, nous nous abstiendrons
de les mettre sous les yeux du lecteur ; seulement
nous indiquerons la marche à suivre lorsqu'on
veut opérer cette conversion sans l'usage des ta-

bles. Mais avant, nous devons nous occuper de quelques calculs relatifs aux anciennes unités de mesures.

37. Nous avons dit que la toise valait 6 pieds, que le pied valait 12 pouces, et que le pouce valait 12 lignes. Avec un peu d'attention, on voit qu'il est facile d'évaluer toute la toise en lignes : en effet, elle doit contenir 6 fois 12 pouces ou 72 pouces, et 72 fois 12 lignes ou 864 lignes.

De même, puisque la livre vaut 16 onces, que l'once vaut 8 gros et que le gros vaut 72 grains, la livre vaudra 16 fois 8 gros ou 128 gros, et 128 fois 72 grains ou 9216 grains.

De même encore, la livre monnaie valant 20 sous, et le sou 12 deniers, elle vaudra 20 fois 12 deniers ou 240 deniers.

Les trois exemples que nous venons de donner suffisent pour montrer que, pour réduire des unités de l'ancien système métrique en unités de leurs plus petites espèces, il faut employer la simple multiplication.

Réciproquement, en employant la division, on reviendra des unités de la plus petite espèce aux plus élevées.

CONVERSION DES UNITÉS DE L'ANCIEN SYSTÈME MÉTRIQUE EN UNITÉS DU NOUVEAU.

38. Pour convertir des unités de l'ancien système métrique en unités du nouveau, il faut ré-

duire les premières en unités de la plus petite espèce, puis diviser le résultat par le nombre d'unités de cette même petite espèce qui entre dans
l'unité correspondante du nouveau système.

Premier exemple. Déterminer combien 28 toises
5 pieds 4 pouces font en mètres. On réduira ce
nombre en lignes (37), et on divisera le résultat
22080 lignes par 443,296, ce dernier nombre étant
les lignes contenues dans le mètre. La division se
fera en écrivant d'abord trois zéros à la droite du
dividende, et en supprimant la virgule du diviseur
(31), et le quotient exprimera en mètres la valeur que l'on cherche.

Type du calcul.

22080000	443296
4348160	49 m. 80 c.
3584960	
386020	

28 toises, 5 pieds, 4 pouces valent donc 49 mètres 80 centimètres, environ; après avoir continué
la division jusqu'aux centièmes, comme cela est
indiqué (26).

Deuxième exemple. Déterminer combien 12 livres 3 onces 4 gros valent en grammes et en multiples du gramme. En opérant comme il a été indiqué ci-dessus, on trouve que ce nombre vaut
119808 grains; or, puisque le gramme vaut lui-
même 18,827 grains (34), il n'y aura qu'à diviser

119808 par 18,827, pour obtenir le nombre de grammes cherché.

Type du calcul.

$$
\begin{array}{r|l}
119808000 & 18827 \\
68460 & \overline{6363 \text{ grammes.}} \\
119790 & \\
68280 & \\
11699 &
\end{array}
$$

Donc 12 livres 3 onces 4 gros équivalent à 6363 grammes, environ. Or, comme il faut 10 grammes pour un décagramme, 10 décagrammes pour un hectogramme, 10 hectogrammes pour un kilogramme (35), le nombre trouvé pourra s'énoncer 6 kilogrammes, 3 hectogrammes, 6 décagrammes, 3 grammes, ou mieux 63 hectogrammes, 63 grammes.

Nota. Le calcul ci-dessus étant appliqué à une seule livre, on trouve qu'elle vaut 5 hectogrammes, et qu'ainsi deux livres valent 10 hectogrammes ou 1 kilogramme. Le kilogramme est la nouvelle livre ; on l'appelle *livre métrique.*

Troisième exemple. Déterminer la valeur en francs de 5437 livres 18 sous 7 deniers. Ce nombre vaut 1305103 deniers ; et en divisant par 243, qui sont les deniers contenus dans le franc (34), on trouve 5370 francs 79 centimes, environ.

Nous bornerons ici nos exemples de conversions

dès unités anciennes en nouvelles; ils suffisent pour donner une idée exacte des procédés à suivre dans tous les cas qui peuvent se présenter.

DES NOMBRES COMPLEXES.

39. Les nombres qui expriment des unités de l'ancien système métrique, et qui, renfermant des parties de différente nature, peuvent se réduire à la même espèce, se nomment nombres complexes. Ainsi :

24 toises 5 pieds 4 pouces 8 lignes

est un nombre complexe, parce qu'il peut se changer totalement en lignes.

40. Les nombres complexes sont, comme tous les autres, soumis aux quatre opérations de l'arithmétique, mais depuis l'invention des calculs des décimales, on a rarement besoin de leur appliquer les anciens procédés de calcul. Il est bien plus commode de les convertir sur-le-champ en décimales, et de les soumettre aux mêmes opérations que celles-ci. Nous pensons donc qu'il suffit de les traiter sous ce dernier point de vue, et d'indiquer comment on doit s'y prendre pour arriver au but que nous nous proposons.

41. Lorsqu'on a un nombre complexe, si on veut lui faire prendre la forme décimale, il faut convertir toutes ses sous-espèces en unités de la plus petite qu'il contient, puis diviser le résultat

par le nombre d'unités de cette même petite espèce contenu dans l'unité principale, et le quotient exprime la partie décimale du nombre proposé.

Soit le nombre complexe 58 livres 17 sous 9 deniers; on observera que 17 sous valent 204 deniers, et en y ajoutant les 9 deniers qui suivent,
on trouve que 17 sous 9 deniers valent 213 deniers;
divisant actuellement 213 par 240, nombre de
deniers contenus dans la livre, et le quotient étant
poussé à deux chiffres (25 et 26), on obtient 88;
donc notre nombre complexe est équivalent à 58
livres 88 centièmes.

Soit encore le nombre complexe 267 livres 9
onces 4 gros 18 grains. En le traitant comme ci-
dessus, on trouve que 9 onces 4 gros 18 grains valent 5490 grains, et en divisant ce résultat par les
9216 grains contenus dans la livre, et en poussant
le quotient à trois chiffres, on a 596; donc le nombre complexe est équivalent à 267 livres 596 millièmes.

On voit donc qu'il est toujours facile de convertir un nombre complexe quelconque en un nombre
décimal.

42. Ce que nous venons de dire étant bien compris, on peut aisément obtenir tous les résultats
auxquels on tend dans les questions qui exigent des
calculs de nombres complexes.

Par exemple, s'il s'agissait de l'addition, de la soustraction, de la multiplication et de la division des nombres complexes, on les réduirait d'abord en décimales, comme nous l'avons indiqué, puis on exécuterait ces opérations suivant les règles que nous avons données dans la quatrième partie.

ÉVALUATION DES FRACTIONS EN GÉNÉRAL.

43. Évaluer une fraction, c'est chercher sa valeur en mesure connue.

Pour cela, il faut examiner de quelle espèce d'unité de mesure la fraction proposée est une partie; puis on considère son numérateur comme exprimant des unités de cette espèce; on le multiplie ensuite par le nombre d'unités de l'espèce immédiatement inférieure qui entre dans l'unité que l'on considère, et en divisant le produit par le dénominateur, le quotient exprime la valeur de la fraction en mesure connue.

Supposons qu'on demande ce que valent les $^3/_4$ d'une toise; on considère le numérateur 3 comme exprimant trois toises; en le multipliant par 6 il devient 18 pieds, et en divisant 18 par le dénominateur 4, on trouve 4 pieds et $^2/_4$ de pied, et comme 1 pied vaut 12 pouces, $^2/_4$ de pied vaudront $^1/_2$ pied ou 6 pouces. Donc $^3/_4$ de toise valent 4 pieds 6 pouces.

Supposons encore qu'on demande ce que valent les $^5/_7$ d'une livre pesant : on considère 5 comme exprimant cinq livres ; on le réduit en onces en le multipliant par 16, et on divise par 7, ce qui donne 11 onces et $^3/_7$ d'once. En opérant de même sur cette dernière fraction et sur la suivante, on trouve que les $^5/_7$ d'une livre valent 11 onces 3 gros 3 grains et $^3/_7$ de grain.

Supposons enfin qu'on demande ce que valent les $^7/_9$ d'un franc ; 7 exprimera sept francs ; on le réduira en centimes en écrivant deux zéros à sa droite, et en divisant le résultat par 9, on obtient , 77 centimes.

~~~~~~

SIXIÈME PARTIE.

PROBLÊMES.

44. Un problême est une question qu'on se propose de résoudre, et dont le résultat s'obtient à l'aide des quatre opérations de l'arithmétique.

Nous allons présenter une série de problêmes, et nous indiquerons en même tems la marche à suivre pour les résoudre.

PROBLÊMES SUR L'ADDITION.

Premier problême. Un enfant studieux reçoit tous les mois un certain nombre de bons points de son maître : le premier mois il en reçoit 24, le second
~~~~~~

37, le troisième 95, le quatrième 127, le cinquième 964, le sixième 89, le septième 296, le
huitième 375, le neuvième 482, le dixième 25,
le onzième 414, et le douzième 836; on demande
combien il a reçu de bons points dans l'année.

Solution. Il est évident que, pour répondre à
cette question, il faut additionner tous les nombres
24, 37, 95, 127, 964, 89, 296, 375, 482, 25, 414,
836. En les additionnant donc, on trouve que l'enfant a reçu 3764 bons points.

Deuxième problême. Un homme a acheté $1/2$ aune
de drap bleu, $3/7$ d'aune de drap vert, $1/3$ de drap
brun, $5/8$ de drap gris; on demande combien il a
acheté de drap en tout.

Solution. Pour résoudre ce problème, il faut
avoir la somme des fractions $1/2, 3/7, 1/3, 5/8$, et pour
cela on les réduit d'abord au même dénominateur (13), ce qui les change en $168/336$, $144/336$,
$112/336$, $200/336$; ensuite on additionne les numérateurs, et on obtient pour résultat $634/336$ ou 1 aune
et $298/336$ d'aune.

Troisième problême. Un voyageur allant à Paris
a dépensé 258 francs 35 centimes pour frais de voi-
ture, 164 fr. 92 c. pour sa nourriture, 87 f. pour
frais divers, et 2859 fr. 48 c. pendant son séjour
dans la capitale. Combien a-t-il dépensé en
tout?

Solution. Ce qu'il a dépensé en tout doit être

la somme de ses dépenses partielles; elle est donc de 3369 fr. 75 c.

PROBLÊMES SUR LA SOUSTRACTION.

Quatrième problême. Une personne devait 542928 f. 78 c., et elle a déjà remboursé 94842 f. 17 c. Combien redoit-elle encore?

Solution. Ce que cette personne redoit est évidemment la différence qui existe entre ce qu'elle devait et ce qu'elle a déjà remboursé. En cherchant cette différence on trouve 448086 fr. 61 c.

Cinquième problême. On a donné 17 aunes $^2/_5$ de drap à un tailleur pour la confection d'un habillement, mais comme cet ouvrier est infidèle, il n'a employé que 14 aunes $^3/_4$. Combien a-t-il retenu de drap?

Solution. Pour obtenir ce que le tailleur a retenu de drap, il faut retrancher 14 aunes $^3/_4$ de 17 aunes $^2/_5$, et cette opération faite on trouve 2 aunes $^{13}/_{20}$.

PROBLÊMES SUR LA MULTIPLICATION.

Sixième problême. On a fait faire 9859 mètres 57 centimètres d'ouvrage, à raison de 37 fr. le mètre. Combien a-t-on dépensé en tout?

Solution. Puisqu'un seul mètre coûte 37 fr., il est clair que 9859 mètres 57 centimètres coûteront 9859,57 fois 37 fr.; c'est-à-dire que le résultal s'obtiendra en multipliant ces deux nombres entr'eux. On trouve 364804 fr. 09 c.

Septième problême. Le méridien terrestre est un cercle qui contient 360 parties égales que l'on nomme degrés ; chaque degré vaut 25 lieues de 2280 toises 33 centièmes chacune. On demande combien il y a de pieds dans la distance du pôle à l'équateur, ou dans les 90 degrés qui sont contenus dans le quart du méridien ?

Solution. Un degré contenant 25 lieues, le quart de méridien contiendra 90 fois 25 ou 2250 lieues ; et comme chaque lieue vaut 2280 toises 33 cent., il contiendra 2250 fois 2280,33 ou 5130742 toises 50 cent. Mais actuellement on sait que la toise vaut 6 pieds, donc en multipliant 5140742,50 par 6, on trouvera que le quart du méridien contient 30784455 pieds.

Huitième problême. Une aune de casimir vaut $^3/_4$ d'aune de drap bleu ; combien aura-t-on du même drap pour $^7/_8$ de casimir ?

Solution. Puisqu'une aune de casimir vaut $^3/_4$ de drap, $^1/_8$ de casimir vaudra la huitième partie de $^3/_4$, ou $^3/_{32}$; donc $^7/_8$ de casimir vaudront 7 fois $^3/_{32}$ ou $^{21}/_{32}$ de drap.

PROBLÊMES SUR LA DIVISION.

Neuvième problême. On veut distribuer 2856672 f. à 79352 personnes. Combien chacune doit-elle avoir pour sa part ?

Solution. Il est évident que chaque personne aura la 79352ᵉ partie de 2856672 fr. ; c'est-à-dire qu'il faudra, pour arriver au résultat demandé, diviser 2856672 par 79352. La division donne 36 fr.

Dixième problême. 564 mètres d'ouvrage coûtent 15228 fr. Quel est le prix du mètre ?

Solution. Le prix du mètre doit être la 564ᵉ partie de 15228 ; donc en divisant ces deux nombres l'un par l'autre, on trouvera qu'un mètre coûte 27 fr.

Onzième problême. $^3/_4$ de livre de marchandise coûtent 1 fr. Quel est le prix de $^5/_7$ de livre ?

Solution. Si l'on connaissait le prix d'une livre, il serait facile d'avoir celui de ses $^5/_7$. Or, puisque $^3/_4$ de livre coûtent 1 fr., un seul quart coûtera $^1/_3$ de franc ; et par conséquent, quatre quarts ou une livre coûtera $^4/_3$ de fr. Donc, le prix de $^5/_7$ sera cinq fois le septième de $^4/_3$, c'est-à-dire qu'il sera $^{20}/_{21}$ ou 095 centimes.

PROBLÊMES SUR LES QUATRE OPÉRATIONS COMBINÉES DE L'ARITHMÉTIQUE.

Douzième problême. On veut mélanger ensemble plusieurs sortes de vins ; savoir : 36 mesures à 12 fr., 28 mesures à 9 fr., 14 mesures à 7 fr. et 52 mesures à 3 fr. On désire connaître le prix d'une mesure du mélange.

Solution. D'abord le mélange se composera de la somme des nombres 36,28,14,52, c'est-à-dire qu'il sera de 130 mesures ; donc, si on connaissait son prix, on aurait celui d'une mesure en divisant ce prix par 130. Mais si on observe que 36 mesures à 12 fr. valent 432 fr., que 28 mesures à 9 fr. valent 252 fr., que 14 mesures à 7 fr. valent 98 fr., et que 52 mesures à 3 fr. valent 156 fr., la somme des nombres 432, 252, 98, 156 sera le prix du mélange. Cette somme étant 938 fr., en exécutant la division indiquée plus haut, on trouve que la mesure vaut 7 fr. 21 c.

Treizième problême. 12 ouvriers ont fait un certain ouvrage en 28 jours ; combien faudra-t-il d'ouvriers pour faire le même ouvrage en 16 jours ?

Solution. Il est évident que, si les 12 ouvriers ont été obligés de travailler pendant 28 jours pour faire l'ouvrage, ils l'auraient fait en un jour s'ils avaient été 28 fois plus nombreux, ou s'ils avaient été au nombre de 336. Il est évident encore que 336 ouvriers devant faire l'ouvrage en un jour, la troupe d'ouvriers que l'on cherche mettra 16 fois moins de tems pour le faire en 16 jours. Donc, pour obtenir le résultat demandé, il n'y aura qu'à diviser 336 par 16, le quotient sera 21.

Quatorzième problême. Après trois mois de bon travail on donne à un écolier une récompense dont la valeur est de **64** fr., et on lui en promet une proportionnée s'il continue à être studieux pendant le reste de l'année. Quelle est la valeur de la récompense promise?

Solution. Si l'écolier n'avait bien travaillé que pendant un mois, il est clair qu'il n'aurait reçu que le tiers de 64 fr. ou $^{64}/_3$. Donc, puisqu'il faut qu'il se montre studieux pendant neuf mois pour mériter la récompense promise, il recevra alors 9 fois $^{64}/_3$ ou $^{576}/_3$, c'est-à-dire 192 fr.

Quinzième problême. On désire savoir combien de tems deux fontaines mettront pour remplir un certain bassin, en coulant ensemble; on sait que l'une peut le remplir seule en 3 heures $^3/_4$, et que l'autre peut le remplir seule en 2 heures $^1/_2$.

Solution. La première fontaine pouvant remplir le bassin en 3 heures $^3/_4$ ou $^{15}/_4$ d'heure, n'en remplira que $^1/_{15}$ dans un quart d'heure, et par conséquent que $^4/_{15}$ dans une heure. La seconde fontaine pouvant remplir le même bassin en 2 heures $^1/_2$ ou $^5/_2$ heure, n'en remplira que $^1/_5$ dans une demi-heure, et par conséquent que $^2/_5$ dans une heure. D'où il suit qu'en ajoutant ensemble les deux fractions $^4/_{15}$ et $^2/_5$, on obtiendra la partie du bassin remplie dans une heure par les deux fontaines coulant simultanément. Effectuant donc cette addition, on trouve $^{50}/_{75}$; maintenant, autant de fois la capacité du bassin contiendra la fraction $^{50}/_{75}$, autant il faudra d'heures pour qu'il soit rempli. Donc, si on représente cette capacité par 1 , il n'y aura plus qu'à diviser 1 par $^{50}/_{75}$, pour avoir le résultat demandé. Ce résultat est $^{75}/_{50}$ ou 1 heure 30 minutes.

Dix-septième problême. On prête une somme de 18000 fr. au taux de 6 pour 100. On désire savoir ce que cette somme rapportera d'intérêt au bout de cinq ans (*).

Solution. Puisque 100 fr. doivent rapporter 6 fr. chaque année, il est évident que 1 fr. ne rapportera que 0,06 par an. Donc, 18000 fr. rapporteront dix-huit mille fois 0,06 ou 1080 francs. Mais comme la créance doit durer cinq ans, l'intérêt demandé sera nécessairement 5400 fr.

Dix-huitième problême. Une certaine somme, ayant été prêtée à 6 pour 100 pendant cinq ans, a rapporté 5400 francs d'intérêt. Quelle est cette somme ?

Solution. Puisque l'intérêt de cinq ans est 5400 fr., celui d'un an n'en sera que la cinquième partie ou 1080 fr. Mais comme 100 fr. rapportent 6 fr., 1 fr. rapportera 0,06 ; d'où il suit qu'autant de fois 0,06 seront contenus dans l'intérêt 1080 fr., autant il y aura de francs qui ont produit cet intérêt. La division étant effectuée, on trouve 18000 fr.

(*) Cette règle se nomme la règle d'intérêt. La somme prêtée est le capital ; l'intérêt de 100 se nomme le taux.

Dix-neuvième problême. Une somme de 18000 fr. ayant été prêtée pendant cinq ans, a rapporté 5400 fr. d'intérêt; quel est le taux?

Solution. Puisque 5400 fr. est l'intérêt de 18000 fr. pour cinq ans, celui pour un an sera 1080 fr.; d'où il suit qu'un franc a rapporté $^{1080}/_{18000}$ Mais 100 fr. doivent rapporter cent fois plus, donc ils rapporteront $^{108000}/_{18000}$ ou 6 fr.

Vingtième problême. Combien de tems faut-il qu'une somme de 18000 fr. soit prêtée pour rapporter 5400 fr. d'intérêt, sachant que le taux est à 6 pour 100?

Solution. On cherchera d'abord l'intérêt de 18000 fr. pour un an, et autant de fois cet intérêt sera contenu dans 5400 fr., autant d'années on trouvera pour répondre à la question. Le résultat est 5 ans.

PROBLÊMES A RÉSOUDRE.

1er. Trouver deux nombres qui, ajoutés ensemble, donnent pour somme 27, et qui, retranchés l'un de l'autre, donnent pour différence 8.

R. 19, et 8.

2°. Partager 123 en trois parties telles, que la 1re excède la seconde de 23, et que la 2me excède la troisième de 8.

R. 59, 36, 28.

3e. Un marchand forain a fait quatre voyages: dans le 1er, il a doublé ses fonds et dépensé 150 f.;

dans le 2ᵐᵉ, il a triplé ce qui lui restait et dépensé 225 fr. ; dans le 3ᵐᵉ il a gagné 2925 f. et dépensé 586 f. ; dans le 4ᵐᵉ il a doublé tout ce qu'il avait de fonds et dépensé 1268 f. ; mais ayant été pillé par des brigands qui lui ont enlevé ses marchandises montant à 6060 f., il n'a conservé que 3600 f. qu'il avait sur lui, quelle était sa fortune au commencement ?

Réponse. 600.

4°. Un père et son fils ont ensemble 85 ans ; l'âge du fils est les deux tiers de celui du père. Quel est l'âge de chacun ?

Réponse. 34 et 51.

5°. Un joueur est entré au jeu avec 40 écus, il en sort avec le quart de ce qu'il en a perdu. Combien lui en reste-t-il, et combien en a-t-il perdu ?

R. 8 et 32.

6°. A l'entrée d'une campagne, un colonel achète un certain nombre de chevaux pour 3000 fr., et pour lesquels il fait une obligation. La campagne terminée, il rend 12 chevaux au maquignon, qui alors lui redoit 600 fr. Combien avait-il d'abord acheté de chevaux, et combien valait chaque cheval ?

R. 10 et 300.

7°. On dit que le Juif errant a toujours cinq sous dans sa poche. Or, un jour il arrive qu'il est obligé de faire une dépense telle qu'il faudrait en rabattre les ²/₃ pour pouvoir l'acquitter. Quelle est cette dépense ?

R. 15 sous.

8°. On propose de payer 108 fr. avec 45 pièces,

les unes de 5 fr. et les autres de 2 fr. Combien en faut-il de chaque espèce ?

R. 6 et 59.

9°. Un marchand achète un certain nombre d'oranges, à raison de 5 pour 2 fr. : il en vend une moitié sur le pied de 5 pour 1 fr. , et l'autre moitié à raison de 2 pour 1 fr. A ce marché il gagne 4 fr. sur le tout; combien avait-il acheté d'oranges ?

R. 240.

10°. Si on a plusieurs corps de même volume, leur poids sera toujours proportionnel à la quantité de parties matérielles qu'ils contiennent. Ce poids est ce qu'on nomme ordinairement *le poids spécifique des corps.*

On trouve le poids spécifique d'un corps en le pesant d'abord dans l'air libre, ensuite dans l'eau distillée à la température de 4 degrés. On divise le premier poids par la différence qu'on trouve par les deux opérations, et le quotient exprime le poids spécifique. Cela posé,

Déterminer le poids spécifique d'un morceau d'or, sachant qu'il pèse 7gr,821 dans l'air et 7gr,415 dans l'eau.

R. 19 gr,263.

11°. Un marchand achète du drap à raison de 52 fr. pour cinq mètres; il le revend ensuite à raison de 89 fr. pour dix mètres et gagne 125 fr. sur le tout. Combien avait-il acheté de drap ?

R. 50 mètres.

12°. Trois oncles se réunissent pour faire la dot d'une nièce, et laquelle doit être de 56000 fr. Le premier donne le tiers de la somme ; le second donne les trois quarts de ce que donne le premier, et le troisième donne 6000 fr. de plus que le second. Quel est le présent de chacun ?

R. 12000 fr., 9000 fr. et 15000 fr.

13°. On demande à un père l'âge de ses fils et il répond : « L'aîné a 4 ans de plus que les deux autres ensemble; le cadet a 2 ans de plus que le troisième, et leurs âges réunis font 96 ans. Quel est l'âge de chacun ?

R. 50, 24, 22.

14°. On a deux sortes d'eau salée, et qui sont telles que 24 livres de la première contiennent 4 livres de sel, et que 36 livres de la seconde contiennent 12 livres de sel. On demande combien il faudrait mettre de livres de la première espèce avec les 36 livres de la seconde pour que 40 livres du mélange ne contiennent que 8 livres de sel ?

R. 144.

15°. On loue un domestique auquel on promet 200 francs et un habit par an ; mais au bout de dix mois, on est obligé de le renvoyer ; alors on ne lui donne que 160 francs et on lui laisse l'habit, quel est le prix de l'habit ?

R. 40 fr.

16°. Le frère et la sœur se mettent en voyage avec une somme de 75 francs ; le frère dépense la moitié de ce qu'il a, et la sœur le tiers de ce qu'elle a ; la somme de leur dépense est 35 fr. Combien avaient-ils chacun.

R. Le frère 60 fr. et la sœur 15 fr.

17°. Un ouvrier n'avait plus que 6 fr. lorsqu'on lui a payé cinq semaines de travail. Deux semaines après, il avait déjà dépensé les trois quarts de tout son argent ; mais ayant été payé pour ces deux semaines de travail, il se trouve possesseur de 21 francs. Combien gagnait-il par semaine ?

R. 6 francs.

18°. On distribue 252 centimes à un certain nombre de pauvres, hommes, femmes et enfans ; les hommes reçoivent chacun 12 centimes, les femmes 6 centimes, et les enfans 3 centimes. Le nombre des femmes est double de celui des hommes, moins 2 ; et celui des enfans triple de celui des femmes, moins 4. Combien y avait-il d'hommes, de femmes et d'enfans ?

R. 7 hommes, 12 femmes et 32 enfans.

19°. Il y avait 90 œufs dans trois paniers ; ayant vendu pour 35 centimes des œufs du premier, pour 20 centimes des œufs du second et pour 5 centimes des œufs du troisième, il en est resté le même nombre dans chacun, et en tout 6 œufs. Quel était le prix de l'œuf, et combien y en avait-il dans chaque panier ?

R. Le septième de 5 centimes, etc.

20°. Quelqu'un demandait le quantième du mois, et on lui répondit. Le quantième est égal au tiers du nombre des jours déjà écoulés, plus à la moitié de ceux qui restent à écouler. Quel est, en supposant le mois de 30 jours, ce quantième ?

R. 13.

30°. Pour 605 francs, un marchand achète des moutons, les uns à 9 francs pièce, d'autres à 10 francs et d'autres à 11 francs ; ceux de la première espèce forment le tiers du tout, et ceux de la seconde le quart. Combien le marchand a-t-il acheté de moutons ?

R. 60.

31°. On a deux espèces de thé, la première à 14 francs le kilogramme, la seconde à 18 francs le kilogramme. On demande combien il faudrait prendre de kilogrammes de chaque espèce pour en faire une caisse de 100 kilogrammes qui coûterait 1680 francs.

R. 30 et 70.

32°. Une personne a des jetons dans les deux mains : si elle en passe un de la droite dans la gauche, il y en aura un nombre égal dans chacune ; mais si elle en passe deux de la gauche dans la droite, celle-ci en contiendra le double de l'autre. Combien chaque main contient-elle de jetons ?

R. La droite 16 et la gauche 8.

33°. Quelle est la fraction dont la somme des termes vaut 12 et la différence 2 ?

R. $^5/_7$.

34°. On a deux espèces de vin ; si on mêle 24 hectolitres du premier avec 20 hectolitres du second, le mélange vaudra 340 francs, et si on mêle 45 hectolitres du premier avec 3 hectolitres du second, le mélange vaudra 258 francs. Quel est le prix de l'hectolitre de chaque espèce de vin ?

R. 5 et 11.

35me. Trois oranges coûtent autant au-dessus de 40 centimes que 5 coûtent au-dessous de 120 centimes. Quel est le prix de l'orange ?

R. 20 centimes.

36°. Un chien poursuit un lièvre qui a sur lui 100 mètres d'avance. Tandis que le lièvre fait 3 pas, le chien en fait 2 ; mais 3 pas du chien en valent 5 du lièvre, et 4 pas du chien valent 3 demi-mètres. Combien de mètres le chien fera-t-il pour atteindre le lièvre ?

R. 1000 mètres.

MODÈLES

DE DIVERS ACTES COMMERCIAUX.

SIMPLE RECONNAISSANCE.

Je soussigné. . . . . reconnais devoir et promets payer à M. . . . . la somme de. . . . . qu'il m'a prêtée dans mon besoin. (*Mettre la date.*)

OBLIGATION PORTANT RENTE.

Je soussigné . . . . reconnais devoir à M. . . . la somme de . . pour laquelle somme je promets et m'engage lui rembourser dans un an de ce jour, avec intérêts à cinq pour cent. *(Mettre la date.)*

RECONNAISSANCE ET PROMESSE DE PAYER, AVEC CAUTION SIMPLE.

Je soussigné . . . . reconnais devoir à M. . . . la somme de. . . pour laquelle somme je promets et m'engage de payer audit. . . . en un seul paiement, dans trois mois de ce jour, avec intérêts à raison de 5 pour cent par an, en son domicile ; et pour sûreté du paiement de ladite somme, moi . . . . me rends et constitue caution dudit sieur. . . . envers. . . . promets et m'oblige en mon nom personnel de payer audit sieur. . . , ladite somme de. . . . avec les intérêts dus, dans le cas où ledit sieur . . . . n'effectuerait pas ce paiement à l'époque fixée.

A   le

QUITTANCE.

Je soussigné. . . . . . . .reconnais avoir reçu de. . . . . . la somme de. . . . que ledit sieur

. . . . . me devait en vertu de. . . . .de laquelle somme je le tiens quitte et décharge.

A   le

REÇU D'UNE SOMME QUELCONQUE ET POUR QUELQUE CAUSE QUE CE SOIT.

Je soussigné reconnais avoir reçu de. . . . . . la somme de. . . . . pour (*Désigner la cause pour laquelle la somme était due*) au moyen de quoi je le tiens quitte et décharge.

A   le

BAIL D'UNE MAISON.

Entre nous soussignés . . . . d'une part et . . . . . d'autre part, a été convenu de ce qui suit, savoir : Moi. . . . donne par le présent à bail à loyer et prix d'argent, à. . . . . ce acceptant preneur, pour (*trois, ou six ou neuf*) années entières et consécutives, qui commenceront à courir (*indiquer l'époque de l'entrée en jouissance*) une maison sise (*indiquer l'endroit, la rue, et le N°*), ladite maison consistant en (*faire la description*), tous lesquels lieux le preneur déclare bien connaître pour les avoir vus et visités.

Le présent bail fait moyennant la somme de. . . . que ledit sieur. . . . . promet et s'oblige de payer à moi, dit bailleur, en ma demeure, ou au porteur de ma quittance, en quatre paiemens égaux, de trois mois en trois mois, dont le premier écherra le. . . . . prochain, et ainsi continuer de terme en terme jusqu'à la fin du présent bail, et en outre aux charges, clauses et conditions suivantes ; savoir : par ledit preneur de garnir ladite maison de meubles suffisans pour la sûreté dudit loyer, d'entretenir ladite maison de réparations locatives nécessaires; à y faire pendant tout le tems dudit bail, et, à la fin d'icelui, de la rendre en bon état d'icelle, et entièrement conforme à l'état qui en sera fait entre nous ; de souffrir faire les grosses réparations, si aucunes conviennent, dans le cours dudit bail ; de payer l'impôt des portes et fenêtres et autres, dus personnellement par les locataires ; d'acquitter les charges de police dont les locataires sont tenus : le tout sans pouvoir prétendre aucune diminution sur ledit loyer ; enfin de ne céder ni transporter son droit au présent bail, en tout ou en partie, à qui que ce soit, sans le consentement exprès et par écrit de moi, dit bailleur, qui de mon côté promets tenir ledit preneur clos et couvert dans ladite maison et lieux en dépendant.

Fait et signé double, à   ce

MODÈLE D'UN BILLET A ORDRE.

Bon pour . . . francs.

Au quinze mars prochain je paierai à M. . . . . ou à son ordre, la somme de (*Mettre la somme en toutes lettres.*) valeur reçue en marchandises.

le 2 janvier 1835.

(*Ici la signature.*)

MODÈLE D'UNE LETTRE DE CHANGE.

Bon pour . . . . francs.

A trois mois de date, payez par cette seule de change, à l'ordre de M. . . . . la somme de . . . . valeur reçue comptant, que passerez suivant l'avis de   (*Ici la signature.*)

A M. . . . ., négociant à

FIN.

9 782013 696647